25128

RECHERCHES

SUR

LA COMPOSITION ÉLÉMENTAIRE

DES DIFFÉRENTS BOIS,

ET SUR LE RENDEMENT ANNUEL D'UN HECTARE DE FORÊTS,

Par M. Eugène Chevandier.

(Premier Mémoire, lu à l'Académie des Sciences le 22 Janvier 1844.)

PARIS,

IMPRIMERIE DE BACHELIER,

RUE DU JARDINET, N° 12.

1844.

RECHERCHES

SUR LA COMPOSITION ÉLÉMENTAIRE DES DIFFÉRENTS BOIS, ET SUR LE RENDEMENT ANNUEL D'UN HECTARE DE FORÊTS,

Par M. Eugène CHEVANDIER.

(Premier Mémoire, lu à l'Académie des Sciences le 22 janvier 1844.)

(Extrait des *Annales de Chimie et de Physique,* 3e série, t. X.)

Les études forestières, pendant longtemps négligées en France, y ont pris, depuis 1824, un nouvel essor, par suite de l'établissement d'un enseignement forestier habilement dirigé.

Toutefois, chacun de leurs progrès rend plus évidente la nécessité d'éclairer par des recherches basées sur l'analyse élémentaire la discussion des faits matériels sur l'observation desquels ces études sont fondées, afin d'introduire des données plus certaines dans des comparaisons que le manque de précision de l'unité employée avait rendues jusqu'à présent fort difficiles et souvent même forcément inexactes.

En effet, cette unité, quoique définie mathématiquement dans ses dimensions extérieures comme stère, a besoin de l'être chimiquement pour être parfaitement connue, et tant qu'on n'aura pas déterminé le poids moyen et la composition élémentaire d'un stère de bois sec des différentes essences forestières, il sera impossible d'apprécier exactement les variations qui ont lieu dans l'accroissement annuel d'une forêt suivant le climat, l'exposition, la nature du sol, celle des essences qui le couvrent, suivant le mode d'aménagement et d'exploitation adopté.

En considérant les études forestières sous ce point de vue analytique, la première question qui se présente est donc

1

de reconnaître pour chaque essence, le poids du stère sec et sa composition élémentaire.

Puis viennent : la détermination du produit réel, c'est-à-dire du rendement moyen annuel d'un hectare de forêts en carbone, hydrogène, oxygène, azote et cendres; la comparaison de ce rendement annuel pour différentes forêts ou pour les forêts et les terrains exploités par l'agriculture; enfin, l'analyse des cendres qui, indépendamment de ce qu'elle peut avoir d'intéressant par elle-même, prendra une importance toute nouvelle lorsqu'on la comparera à celle du sol sur lequel le bois a été coupé, afin de chercher dans ce rapprochement quelques lumières tant sur l'influence qu'exerce la composition du sol sur la végétation que sur la nécessité des assolements en silviculture comme en agriculture, nécessité qui paraît bien démontrée.

Aidé des conseils, de l'appui bienveillant de M. Dumas, j'ai entrepris de traiter ces questions pour quelques cas particuliers, non que j'aie la prétention, dans une matière aussi difficile, d'arriver dès le début à une solution définitive, mais dans l'espoir d'ouvrir un sillon que des hommes spéciaux, plus heureux et plus habiles que moi, viendront ensuite féconder.

Mes expériences ont porté sur plus de 600 stères de chêne, hêtre, charme, bouleau, tremble, aune, saule, sapin et pin coupés pendant l'hiver dernier dans des terrains de grès vosgien, grès bigarré et muschelkalk et dans toutes les circonstances d'exposition ou de sol que me présentaient 4000 hectares de bois dont la direction m'est confiée.

Les calculs sur le rendement moyen annuel porteront sur des périodes variant de vingt-cinq à quatre-vingts ans, et comprendront environ 15000 hectares situés, à partir du Donon, sur le versant occidental des Vosges dans le grès vosgien, le grès bigarré et dans les terrains de muschelkalk et les marnes irisées qui viennent s'appuyer contre ces montagnes.

J'ai apporté dans ces recherches les soins les plus minutieux afin d'éviter les nombreuses chances d'erreur auxquelles le travail était exposé. Je ne puis toutefois le présenter à l'Académie que comme la constatation de quelques faits particuliers, isolés au milieu de ce grand ensemble de la végétation terrestre, et en exprimant le vœu de le voir suivi et contrôlé par des observations du même genre, soit dans nos contrées tempérées, afin de mieux apprécier encore l'influence du terrain et du mode de l'aménagement, soit dans les régions tropicales, où la végétation doit prendre un développement beaucoup plus rapide sous l'influence combinée de la chaleur et de l'humidité et où elle semble se rapprocher davantage de ce qu'elle paraît avoir été à l'époque de la formation houillère.

Peut-être la comparaison des résultats obtenus dans des circonstances si diverses pourra-t-elle ajouter aux considérations sur cette formation, développées dans le Mémoire publié par M. Adolphe Brongniart en novembre 1828, et dans l'explication géologique de la carte de France par MM. Dufrénoy et Élie de Beaumont, quelques données sur le temps relatif nécessaire pour la production des différentes couches de houille suivant leur épaisseur, ainsi que sur la rapidité plus ou moins grande avec laquelle les végétaux qui ont couvert à diverses époques une partie de la croûte terrestre ont pu purifier l'atmosphère de l'excès d'acide carbonique qui y était répandu. Dès aujourd'hui j'essayerai de démontrer qu'une futaie dans de bonnes conditions d'accroissement absorbe journellement, pendant la saison où la végétation est active, une portion très-considérable de l'acide carbonique contenu dans la couche d'air avec laquelle elle est en contact, et que la proportion du carbone absorbé, qui varie en sens inverse de la hauteur des arbres composant la forêt, peut devenir égale à la quantité contenue dans cette couche d'air ou même la dépasser.

Dans la suite de ce travail, je serai amené fréquemment

à des rapprochements de cette sorte, en me reportant surtout aux travaux sur l'agriculture des habiles chimistes qui ont ouvert depuis quelques années une voie nouvelle si féconde en découvertes pour la pratique et la science, et tracé ainsi la marche que la silviculture doit suivre à son tour. En effet, ces deux sciences ont trop de rapport pour ne pas réagir continuellement l'une sur l'autre ; elles doivent s'appuyer et se contrôler dans l'observation des phénomènes de la nature, dans la recherche des lois générales de la végétation et de la physique du globe, pour porter ensuite dans l'enseignement pratique les lumières qu'elles y auront puisées.

L'Académie me pardonnera de m'être laissé entraîner à ces considérations générales, puisque c'est la nature même du sujet qui m'y a conduit ; j'espère aussi qu'elle voudra bien apprécier le sentiment qui, m'empêchant de poursuivre une discussion qui exigerait une expérience et une science qui me manquent, me ramène à celle des éléments de mon travail.

Bien qu'il ne soit pas encore complet, je puis en donner les résultats pour deux parties de futaie de hêtre presque pures pendant des périodes de soixante-neuf et cinquante-huit années ; et comme ce sont, dans les circonstances locales où je me suis placé, les seules forêts régulières sur le produit desquelles j'aie pu me procurer des documents positifs, elles m'ont semblé de nature à être séparées des autres et à former pour ainsi dire un chapitre d'introduction au travail plus étendu que j'aurai l'honneur de soumettre plus tard au jugement de l'Académie.

Toute la partie chimique de ces recherches a été faite sous les yeux de M. Dumas, qui a bien voulu mettre son laboratoire à ma disposition, et avec la collaboration de M. Melsens. Qu'il me soit permis de les remercier ici du concours si utile qu'ils m'ont prêté.

Ces deux futaies sont situées dans les bois de M. le baron de Klinglin, toutes deux sur un terrain de grès bigarré.

L'une, au canton des Fesches, comprend 40$^{hect.}$,29 et se trouve sur un plateau dont le sol est une argile mêlée de sable assez fin, contenant beaucoup d'humus et assez humide.

L'autre, au canton du Sandwœch, comprend 16 hectares. Le sol est un sable un peu argileux, contenant assez d'humus et formant une espèce d'entonnoir exposé au nord.

Bien que ces forêts présentassent au moment des dernières exploitations des massifs assez réguliers, il paraît qu'elles étaient traitées autrefois en taillis composés, aménagés à trente-cinq ans, et que pour chacune d'elles la première coupe dont j'ai pu constater les produits a encore eu lieu d'après ce système. Il en résulte qu'en comptant la durée de la révolution et l'âge de la forêt d'après celui de cette coupe, et en considérant tous les produits qui en ont été extraits depuis comme étant dus à cette période, on commet pour ces derniers une légère erreur due aux réserves qui ont été laissées sur le sol de la coupe antérieure de taillis composé. Mais cette erreur est compensée, d'une part, parce que ces réserves ont empêché le développement des jeunes brins qui auraient pris leur place et seraient devenus de fort beaux arbres, et, d'ailleurs, par les enlèvements considérables de bois blancs qui ont eu lieu et dont il ne peut être tenu compte. En effet, presque toutes les exploitations ont été trop éloignées pour que les saules et une partie des trembles qui avaient crû dans les vides ne périssent pas successivement, et ils ont été abandonnés aux habitants du pays.

Le plateau des Fesches et le vallon du Sandwœch ont été coupés, ainsi qu'il vient d'être dit, le premier en 1809 et 1810, le second en 1817 et 1818.

Depuis, on a fait dans les Fesches, en 1834 et 1835, une coupe préparatoire sur toute l'étendue de la forêt; en 1842, une coupe définitive sur 15$^{hect.}$,29; en 1843, une autre coupe définitive sur 19$^{hect.}$,07, et il reste à couper, en 1844, 5$^{h.}$,93.

Dans le Sandwœch on a fait, en 1829 et 1830, une coupe secondaire, et en 1840, une coupe définitive, en laissant toutefois un certain nombre de réserves, principalement en chêne.

Ainsi, en partant de l'exploitation antérieure à 1809 et qui avait eu lieu en 1774, on trouve pour les Fesches, de 1775 à 1843, une période de soixante-neuf ans.

En partant de l'exploitation antérieure à 1817 et qui avait eu lieu en 1782, on trouve pour le Sandwœch, de 1783 à 1840, une période de cinquante-huit ans.

La majeure partie des produits ont été en hêtre ; peu de chêne et quelques bois blancs, tels que bouleaux, trembles ou saules.

M. le baron de Klinglin a eu l'obligeance de me communiquer ses registres, et j'y ai trouvé tous les renseignements nécessaires pour établir le produit pour chaque exploitation et par essence en bois de quartiers et bois de rondinage pour le hêtre et le chêne, et bois mêlés pour les bois blancs. En outre, j'ai réduit tous les menus branchages en fagots de $0^m,645$ de circonférence et $0^m,906$ de longueur.

Enfin, j'ai fait compter avec le plus grand soin les bois restant encore sur pied, en ayant soin toutefois de ne pas comprendre dans ce comptage le jeune recru.

J'ai réuni tous ces chiffres en deux tableaux donnant, coupe par coupe (voyez les tableaux n^{os} I et II, pages 31 et 32), le nombre de stères et de fagots enlevés de la forêt.

Le nombre total des stères a été pour les Fesches de. 25645
       et celui des fagots de. 239521
Ce qui donne pour l'accroissement moyen annuel sur un hectare. 9st,224
       et. . . . . 86 fag.
Le nombre total des stères a été pour le Sandwœch de. 8925

et celui des fagots de................. 105940

Ce qui donne pour l'accroissement moyen annuel sur un hectare........................ 9st,617

et............................... 114 fag.

Il résulte d'expériences que j'ai faites avec le plus grand
soin sur le poids du stère des différentes essences de bois
percrues dans le grès bigarré, qu'un stère de bois de quartier de hêtre parfaitement sec.......... pèse 374 kil.

  1 stère de rondinage de hêtre mêlé de branches et de brins, sec.................... 304

  1 stère de quartier de chène, sec.......... 366

  1 stère de rondinage de chène (les branches
seulement), sec........................ 270

  1 stère de quartiers et rondins mêlés, moitié
bouleau et moitié tremble, sec.............. 294

  1 stère de rondinage, moitié brins de bouleau
et moitié de saule, sec.................... 311

  J'ai trouvé de même que le poids moyen de
100 fagots mêlés, mais où le hêtre dominait, et
parfaitement secs, était d'environ.......... 300

Je ne crois pas devoir rapporter ici les détails de ces
expériences dans lesquelles les poids du stère ou du cent de
fagots parfaitement secs ont été déterminés au moyen d'é-
chantillons réduits en poudre, chauffés à plusieurs reprises
à 140 degrés, et placés dans le vide sec jusqu'à ce qu'ils ne
présentassent plus de pertes sensibles. Lorsque je pourrai
soumettre à l'Académie mon travail complet sur la défini-
tion chimique du stère des différentes essences et dans différents terrains, toutes ces expériences et les tableaux qui les
résument formeront un ensemble qui justifiera les chiffres
que j'avance aujourd'hui.

En se reportant au tableau qui donne pour les Fesches et
le Sandwœch la production totale et l'accroissement moyen

annuel, on trouvera, à côté de chaque colonne contenant le nombre de stères ou de fagots coupés, une autre colonne dans laquelle est placé en regard le poids de ces stères ou fagots calculé au moyen des chiffres qui précèdent.

Le nombre total de kilogrammes de bois sec produits étant ainsi déterminé, il me restait à en trouver la composition élémentaire.

Le dosage du carbone et de l'hydrogène a été fait par la méthode ordinaire ; celui de l'azote, par le procédé de M. Dumas, en ayant soin, avant et après la combustion, de produire des dégagements d'acide carbonique assez abondants pour balayer parfaitement l'appareil et avoir un gaz entièrement absorbable par la potasse.

Lors de mes premières analyses, je n'opérais point sur des matières préalablement desséchées. Je ne me proposais que de déterminer la quantité de carbone, d'hydrogène libre et d'azote, et pour y parvenir j'analysais les bois humides et peu de temps après qu'ils avaient été coupés. Je remarquai bientôt une variation constante et progressive dans les proportions de l'hydrogène et du carbone pour des échantillons de même essence dont j'avais préparé une série à l'avance en renfermant les sciures dans de petits tubes bouchés, et ne tardai pas à m'apercevoir que cette perturbation était due à une fermentation alcoolique, facile à reconnaître, mais que la trop petite quantité de matière fermentée ne permettait pas de constater autrement que par l'odorat.

Cette fermentation, du reste, s'expliquait parfaitement par la présence simultanée dans le bois d'une matière sucrée et d'une matière azotée pouvant remplir l'office de ferment.

Depuis, j'ai voulu lui donner la sanction de l'expérience en grand ; j'ai fait recueillir dans une scierie, où les arbres sont débités peu après leur sortie de la forêt, des sciures de hêtre, de charme et de chêne écorcé afin d'éviter l'action du tanin, et en ai placé quelques tonneaux dans une cave un peu chaude. Au bout de trois semaines la fermentation alcoolique s'est développée ; après lui avoir laissé un libre cours, j'ai ajouté de l'eau à la matière fermentée et l'ai distillée à un feu doux. J'ai obtenu ainsi, après plusieurs rectifications, une petite quantité d'une liqueur incolore d'une odeur alcoolique assez forte, dont les caractères ont besoin d'être étudiés, mais dont la production spontanée est, à elle seule, une nouvelle démonstration de l'existence d'une certaine quantité de matière sucrée dans le bois.

Bois de hêtre.

Le nombre d'échantillons de hêtre soumis à l'analyse a été de cinq, tous provenant du grès bigarré, un de la coupe des Fesches, un de la coupe du Sandwœch ; trois ont été pris dans le bois de quartier, un dans les branchages, et le cinquième dans de jeunes brins.

Chacun de ces échantillons a été scié transversalement, de manière à ce que la sciure présentât des quantités d'é-corce, d'aubier, etc., proportionnelles à celles qui exis-taient dans les bois auxquels appartenait l'échantillon.

Ces sciures ont été préalablement chauffées à 140 degrés à plusieurs reprises, et placées dans le vide sec jusqu'à ce qu'elles ne présentassent plus aucune perte.

Premier échantillon de hêtre. — Cet échantillon appar-tenait à un hêtre de soixante-dix ans, et était composé de trois bûchettes prises à la base, au milieu et au sommet de la tige.

Le même soin a été apporté dans le choix de tous les autres échantillons de bois dont il sera parlé dans ce Mé-moire, et qui ont tous été composés de même de trois bû-chettes représentant, autant que possible, l'état moyen de l'arbre ou du morceau à analyser.

1 gramme de matière sèche a laissé 0,0086 de cendres.

I. 0,732 de matière sèche ont donné 1,323 d'acide carbonique et 0,391 d'eau.

II. 0,391 de matière sèche ont donné 0,712 d'acide carbonique et 0,220 d'eau.

0,818 de matière sèche ont donné 6^{c.c.},5 d'azote humide à 24 degrés et à 0^m,771.

	I.	II.		I.	II.
Carbone...	49,29	49,65	soit, les cendres déduites,	49,71	50,08
Hydrogène.	5,92	6,24		5,98	6,29
Oxygène...	43,06	42,38		43,43	42,75
Azote.....	0,87	0,87		0,88	0,88
Cendres...	0,86	0,86		"	"
	100,00	100,00		100,00	100,00

Deuxième échantillon de hêtre. — Cet échantillon appartenait à un hêtre de cinquante-huit ans provenant de la coupe du Sandwœch.

1 gramme de matière sèche a laissé 0,01 de cendres.

0,564 ont donné 1,023 d'acide carbonique et 0,303 d'eau.

0,698 ont donné 7 centimètres cubes d'azote humide à 11 degrés et à 0^m,770.

Carbone...	49,46	soit, les cendres déduites,	49,96
Hydrogène.	5,96		6,02
Oxygène...	42,36		42,79
Azote.....	1,22		1,23
Cendres...	1,00		"
	100,00		100,00

Troisième échantillon de hêtre. — Cet échantillon appartenait à un hêtre de soixante-neuf ans provenant de la coupe des Fesches.

1 gramme de matière sèche a laissé 0,0088 de cendres.

1,200 ont donné 2,17 d'acide carbonique et 0,647 d'eau.

0,650 ont donné 6 centimètres cubes d'azote humide à 9 degrés et à 0^m,758.

Carbone...	49,31	soit, les cendres déduites,	49,75
Hydrogène.	5,98		6,04
Oxygène...	42,72		43,09
Azote......	1,11		1,12
Cendres...	0,88		"
	100,00		100,00

Quatrième échantillon de hêtre. — Cet échantillon provenait de branches.

1 gramme de matière sèche a laissé 0,0215 de cendres.

0,4085 ont donné 0,740 d'acide carbonique et 0,220 d'eau.

0,662 ont donné 4 centimètres cubes d'azote humide à 12 degrés et à
$0^m,770$.

Carbone...	49,39	soit, les cendres déduites,	50,49
Hydrogène.	5,97		6,11
Oxygène...	41,75		42,64
Azote.....	0,74		0,76
Cendres...	2,15		"
	100,00		100,00

Cinquième échantillon de hêtre. — Cet échantillon provenait de jeunes brins.

1 gramme de matière sèche a laissé 0,0129 de cendres.

I. 0,680 ont donné 1,224 d'acide carbonique et 0,368 d'eau.

II. 0,545 ont donné 0,977 d'acide carbonique et 0,298 d'eau.

0,685 ont donné $3^{c.c.},8$ d'azote humide à 11 degrés et à $0^m,770$.

	I.	II.		I.	II.
Carbone...	49,09	48,88	soit, les cendres déduites,	49,73	49,52
Hydrogène.	6,01	6,07		6,09	6,15
Oxygène...	42,92	43,11		43,51	43,66
Azote.....	0,65	0,65		0,67	0,67
Cendres...	1,29	1,29		"	"
	100,00	100,00		100,00	100,00

Bois de chêne.

Trois échantillons de bois de chêne provenant du grès
bigarré ont été soumis à l'analyse.

Le premier appartenait à un arbre de cent vingt ans, le
deuxième a été pris dans des branches, et le troisième dans
de jeunes brins.

Premier échantillon de chêne.

1 gramme de matière sèche a laissé 0,0243 de cendres.

0,544 ont donné 0,992 d'acide carbonique et 0,288 d'eau.

0,706 ont donné 6 centimètres cubes d'azote humide à 13 degrés et à
$0^m,770$.

Carbone... 49,73   soit, les cendres déduites, 50.97
Hydrogène. 5,87   6,02
Oxygène... 40,95.   1,96
Azote...... 1,02   1,05
Cendres ... 2,43   ''
         100,00   100,00

Deuxieme échantillon de chêne.

1 gramme de matière sèche a laissé 0,0203 de cendres.

I. 0,597 ont donné 1,103 d'acide carbonique et 0,322 d'eau.

II. 1,133 ont donné 2,060 d'acide carbonique et 0,590 d'eau.

0,962 ont donné 10$^{c.c.}$,3 d'azote humide à 17 degrés et à 0^m,768.

	I.	II.		I.	II.
Carbone...	50,38	49,58	soit, les cendres déduites,	51,42	50,61
Hydrogène.	5,99	5,78		6,11	5,90
Oxygène...	40,37	41,38		41,21	42,23
Azote......	1,23	1,23		1,26	1,26
Cendres ...	2,03	2,03		''	''
	100,00	100,00		100,00	100,00

Troisième échantillon de chêne.

1 gramme de matière sèche a laissé 0,0168 de cendres.

I. 0,994 ont donné 1,797 d'acide carbonique et 0,533 d'eau.

II. 0,975 ont donné 1,760 d'acide carbonique et 0,527 d'eau.

0,762 ont donné 9$^{c.c.}$,4 d'azote humide à 10 degrés et à 0^m,770.

	I.	II.		I.	II.
Carbone...	49,30	49,22	soit, les cendres déduites,	50,14	50,04
Hydrogène.	5,95	6,00		6,05	6,10
Oxygène...	41,57	41,60		42,29	42,34
Azote......	1,50	1,50		1,52	1,52
Cendres ...	1,68	1,68		''	''
	100,00	100,00		100,00	100,00

Bois de bouleau.

Trois échantillons de bois de bouleau provenant du grès bigarré ont été soumis à l'analyse.

Le premier appartenait à un arbre de soixante ans, le deuxième a été pris dans les branches, et le troisième dans de jeunes brins.

Premier échantillon de bouleau.

1 gramme de matière sèche a laissé 0,0071 de cendres.

I. 0,616 ont donné 1,137 d'acide carbonique et 0,345 d'eau.

II. 0,925 ont donné 1,701 d'acide carbonique et 0,510 d'eau.

0,619 ont donné 5 c. c.,2 d'azote humide à 10 degrés et à 0^m,769.

	I.	II.		I.	II.
Carbone...	50,33	50,14	soit, les cendres déduites,	50,66	50,53
Hydrogène.	6,21	6,11		6,26	6,17
Oxygène...	41,73	42,02		42,05	42,27
Azote......	1,02	1,02		1,03	1,03
Cendres ...	0,71	0,71		''	''
	100,00	100,00		100,00	100,00

Deuxième échantillon de bouleau.

1 gramme de matière sèche a laissé 0,0103 de cendres.

1,014 ont donné 1,870 d'acide carbonique et 0,569 d'eau.

0,425 ont donné 5 centimètres cubes d'azote humide à 11 degrés et à 0^m,768.

		soit, les cendres déduites,	
Carbone...	50,29		50,79
Hydrogène.	6,23		6,29
Oxygène...	41,02		41,48
Azote	1,43		1,44
Cendres ...	1,03		''
	100,00		100,00

Troisième échantillon de bouleau.

1 gramme de matière sèche a laissé 0,0060 de cendres.

1,018 ont donné 1,871 d'acide carbonique et 0.566 d'eau.

0,691 ont donné 5 centimètres cubes d'azote humide à 8 degrés et à 0^m,766.

		soit, les cendres déduites,	
Carbone...	50,12		50,48
Hydrogène.	6,17		6,20
Oxygène...	42,23		42,43
Azote	0,83		0,89
Cendres ...	0,60		''
	100,00		100,00

Bois de tremble.

Il ne m'a pas paru nécessaire d'analyser plus d'un échantillon de tremble, puisque pour cette essence les plus gros

branchages et les bûches provenant des tiges ne sont pas séparés au moment de l'exploitation. Celui que j'ai choisi
appartenait à un arbre de vingt-cinq ans, et les trois bûchettes dont il était composé représentaient la composition
moyenne de l'arbre et de ses plus grosses branches.

1 gramme de matière sèche a laissé 0,0186 de cendres.
I.   0,765 ont donné 1,391 d'acide carbonique et 0,427 d'eau.
II. 0,300 ont donné 0,542 d'acide carbonique et 0,167 d'eau.
III. 0,549 ont donné 0,992 d'acide carbonique et 0,308 d'eau.
     0,551 ont donné 4$^{c.c.}$,4 d'azote humide à 11 degrés et à 0^m,766.

	I.	II.	III.		I.	II.	III.
Carbone...	49,58	49,26	49,27	soit, les cend. d.,	50,52	50,20	50,21
Hydrogène.	6,20	6,18	6,23		6,31	6,29	6,35
Oxygène...	41,40	41,74	41,68		42,19	42,53	42,46
Azote.....	0,96	0,96	0,96		0,98	0.98	0,98
Cendres ...	1,86	1,86	1,86		"	"	"
	100,00	100,00	100,00		100,00	100,00	100,00

Bois de saule.

De même que pour le tremble, un seul échantillon provenant d'un brin de vingt ans a été soumis à l'analyse.

1 gramme de matière sèche a laissé 0,0367 de cendres.
I. 0,338 ont donné 0,617 d'acide carbonique et 0,178 d'eau.
II. 0,532 ont donné 0,974 d'acide carbonique et 0,291 d'eau.
    0,532 ont donné 4$^{c.c.}$,2 d'azote humide à 11 degrés et à 0^m,762.

	I.	II.		I.	II.
Carbone...	49,78	49,93	soit, les cendres déduites,	51,68	51,83
Hydrogène.	5,85	6,07		6,07	6,30
Oxygène...	39,75	39,38		41,27	40,89
Azote.....	0,95	0,95		0,98	0,98
Cendres ...	3,67	3,67		"	"
	100,00	100,00		100,00	100,00

En comparant entre eux les résultats précédents pour les
divers échantillons d'une même essence, on voit qu'ils sont
à très-peu de chose près constants, les cendres exceptées.
Les différences qu'ils présentent rentrent dans les limites
des erreurs d'analyses, ou des inégalités qui ont pu avoir
lieu dans les mélanges des sciures.

J'ai donc réuni toutes les analyses relatives à une même essence, et adopté la moyenne comme en représentant la composition élémentaire.

Composition du hêtre (les cendres déduites).

	I.	II.	III.	IV.	V.	VI.	VII.	Moyenne.
Carbone....	49,71	50,08	49,96	49,75	50,49	49,73	49,52	49,89
Hydrogène..	5,98	6,29	6,02	6,04	6,11	6,09	6,15	6,07
Oxygène....	43,43	42,75	42,79	43,09	42,64	43,51	43,66	43,11
Azote.......	0,88	0,88	1,23	1,12	0,76	0,67	0,67	0,93
	100,00	100,00	100,00	100,00	100,00	100,00	100,00	100,00

En moyenne, 1 de matière sèche a laissé 0,0124 de cendres.

Composition du chêne (les cendres déduites)

	I.	II.	III.	IV.	V.	Moyenne.
Carbone....	50,97	51,42	50,61	50,14	50,04	50,64
Hydrogène..	6,02	6,11	5,90	6,05	6,10	6,03
Oxygène ...	41,96	41,21	42,23	42,29	42,34	42,05
Azote......	1,05	1,26	1,26	1,52	1,52	1,28
	100,00	100,00	100,00	100,00	100,00	100,00

En moyenne, 1 de matière sèche a laissé 0,0205 de cendres.

Composition du bouleau (les cendres déduites).

	I.	II.	III.	IV.	Moyenne.
Carbone ...	50,66	50,53	50,79	50,48	50,61
Hydrogène..	6,26	6,17	6,29	6,20	6,23
Oxygène....	42,05	42,27	41,48	42,43	42,04
Azote......	1,03	1,03	1,44	0,89	1,12
	100,00	100,00	100,00	100,00	100,00

En moyenne, 1 de matière sèche a laissé 0,0078 de cendres.

Composition du tremble (les cendres déduites).

	I.	II.	III.	Moyenne.
Carbone....	50,52	50,20	50,21	50,31
Hydrogène..	6,31	6,29	6,35	6,32
Oxygène....	42,19	42,53	42,46	42,39
Azote......	0,98	0,98	0,98	0,98
	100,00	100,00	100,00	100,00

En moyenne, 1 de matière sèche a laissé 0,0186 de cendres.

Composition du saule (les cendres déduites).

	I.	II.	Moyenne.
Carbone....	51,68	51,83	51,75
Hydrogène..	6,07	6,30	6,19
Oxygène....	41,27	40,89	41,08
Azote	0,98	0,98	0,98
	100,00	100,00	100,00

En moyenne, 1 de matière sèche a laissé 0,0367 de cendres.

Analyse des menus brins et branchages composant les fagots.

Pour les analyses des fagots, on a choisi pour chaque échantillon un nombre de brins suffisant pour en représenter la composition moyenne; tous ces brins provenaient du grès bigarré et ont été, comme les échantillons des bois, sciés transversalement et les sciures chauffées avant l'analyse et à plusieurs reprises, à 140 degrés, puis placées dans le vide sec jusqu'à ce qu'elles ne présentassent plus aucune perte.

Fagots de hêtre. — Quatre échantillons ont été soumis à l'analyse : le premier appartenant à de jeunes tiges de vingt-cinq à trente ans, le deuxième et le troisième provenant de branches d'arbres de soixante-dix à quatre-vingts ans, et le quatrième d'un arbre de cent vingt ans.

Premier échantillon.

1 gramme de matière sèche a laissé 0,015 de cendres.

0,654 ont donné 1,208 d'acide carbonique et 0,366 d'eau.

0,715 de matière sèche ont donné 4$^{c.c.}$,6 d'azote humide à 12 degrés et à 0^m,775.

Carbone...	50,37	soit, les cendres déduites,	51,15
Hydrogène.	6,21		6,31
Oxygène...	41,14		41,74
Azote	0,78		0,80
Cendres....	1,50		"
	100,00		100,00

Deuxième échantillon.

1 gramme de matière sèche a laissé 0,0194 de cendres.

0,0539 ont donné 0,994 d'acide carbonique et 0,293 d'eau.

0,656 ont donné 6$^{c.c.}$,6 d'azote humide à 11 degrés et à 0^m,773.

Carbone...	50,29 soit, les cendres déduites,	51,24
Hydrogène.	6,03	6,15
Oxygène...	40,51	41,35
Azote......	1,23	1,26
Cendres....	1,94	"
	100,00	100,00

Troisième échantillon.

1 gramme de matière sèche a laissé 0,0171 de cendres.

0,510 ont donné 0,938 d'acide carbonique et 0,281 d'eau.

0,840 ont donné 6$^{c.c.}$,5 d'azote humide à 9 degrés et à 0^m,773.

Carbone...	50,15 soit, les cendres déduites,	51,06
Hydrogène.	6,12	6,22
Oxygène...	41,07	41,75
Azote.....	0,95	0,97
Cendres ...	1,71	"
	100,00	100,00

Quatrième échantillon.

1 gramme de matière sèche a laissé 0,0193 de cendres.

0,357 ont donné 0,653 d'acide carbonique et 0,197 d'eau.

0,758 ont donné 7$^{c.c.}$,8 d'azote humide à 11 degrés et à 0^m,775.

Carbone...	49,88 soit, les cendres déduites,	50,88
Hydrogène.	6,12	6,25
Oxygène...	40,82	41,60
Azote	1,25	1,27
Cendres...	1,93	"
	100,00	100,00

Fagots de chêne. — Quatre échantillons ont été soumis à l'analyse : le premier appartenant à des brins de trente ans, le deuxième provenant des branches d'un arbre de cinquante ans, le troisième d'un arbre de soixante-dix ans, et le quatrième d'un arbre de cent trente ans.

2

Premier échantillon.

1 gramme de matière sèche a laissé 0,0145 de cendres.

0,544 ont donné 0,999 d'acide carbonique et 0,301 d'eau.

0,692 ont donné 5c.c.,4 d'azote humide à 12 degrés et à 0m,774.

Carbone...	50,08	soit, les cendres déduites,	50,82
Hydrogène.	6,14		6,23
Oxygène...	41,38		41,98
Azote.....	0,95		0,97
Cendres...	1,45		"
	100,00		100,00

Deuxième échantillon.

1 gramme de matière sèche a laissé 0,0156 de cendres.

0,568 ont donné 1,040 d'acide carbonique; eau perdue.

0,715 ont donné 5c.c.,7 d'azote humide à 10 degrés et à 0m,774.

Carbone...	49,93	soit, les cendres déduites,	50,73
Azote.....	0,97		0,99
Cendres...	1,56		"

Troisième échantillon.

1 gramme de matière sèche a laissé 0,021 de cendres.

0,463 ont donné 0,846 d'acide carbonique et 0,251 d'eau.

0,640 ont donné 5c.c.,2 d'azote humide à 9 degrés et à 0m,772.

Carbone...	49,83	soit, les cendres déduites,	50,93
Hydrogène.	6,02		6,15
Oxygène...	41,06		41,91
Azote......	0,99		1,01
Cendres...	2,10		"
	100,00		100,00

Quatrième échantillon.

1 gramme de matière sèche a laissé 0,0216 de cendres.

0,459 ont donné 0,841 d'acide carbonique et 0,247 d'eau.

0,636 ont donné 5c.c.,5 d'azote humide à 11 degrés et à 0m,774.

Carbone...	49,96	soit, les cendres déduites,	51,08
Hydrogène.	5,97		6,10
Oxygène...	40,85		41,74
Azote......	1,06		1,08
Cendres....	2,16		"
	100,00		100,00

Fagots de bouleau. — Trois échantillons ont été soumis à l'analyse : le premier appartenant à des brins de trente ans, le deuxième à des brins de trente-cinq ans, et le troisième provenant de branches d'arbres de cinquante à soixante-dix ans.

Premier échantillon.

1 gramme de matière sèche a laissé 0,0116 de cendres.

0,392 ont donné 0,741 d'acide carbonique et 0,221 d'eau.

0,776 ont donné 7$^{c.c.}$,5 d'azote humide à 11 degrés et à 0^m,770.

Carbone...	51,55 soit, les cendres déduites,	52,21
Hydrogène.	6,26	6,36
Oxygène...	39,86	40,24
Azote.....	1,17	1,19
Cendres...	1,16	"
	100,00	100,00

Deuxième échantillon.

1 gramme de matière sèche a laissé 0,0154 de cendres.

0,283 ont donné 0,528 d'acide carbonique et 0,159 d'eau.

0,908 ont donné 8$^{c.c.}$,4 d'azote humide à 14 degrés et à 0^m,771.

Carbone...	50,88 soit, les cendres déduites,	51,61
Hydrogène.	6,23	6,32
Oxygène...	40,25	40,95
Azote......	1,10	1,12
Cendres....	1,54	"
	100,00	100,00

Troisième échantillon.

1 gramme de matière sèche a laissé 0,0126 de cendres.

0,5705 ont donné 1,073 d'acide carbonique et 0,317 d'eau.

0,738 ont donné 5$^{c.c.}$,3 à 11 degrés et à 0^m,771.

Carbone...	51,29 soit, les cendres déduites,	51,97
Hydrogène.	6,17	6,25
Oxygène...	40,41	40,89
Azote.....	0,87	0,89
Cendres...	1,26	"
	100,00	100,00

Fagots de tremble. — De même que pour les bois en bûches, un seul échantillon a été soumis à l'analyse ; il provenait des branches de tiges de vingt-cinq ans.

2.

1 gramme de matière sèche a laissé 0,0298 de cendres.

I. 0,408 ont donné 0,742 d'acide carbonique et 0,228 d'eau.

II. 0,894 ont donné 1,620 d'acide carbonique et 0,482 d'eau.

0,610 ont donné 5$^{c.c.}$,2 d'azote humide à 12 degrés et à 0^m,770.

	I.	II.		I.	II.
Carbone...	49,59	49,41	soit, les cendres déduites,	51,09	50,95
Hydrogène.	6,20	5,98		6,39	6,17
Oxygène...	40,23	40,63		41,47	41,83
Azote.....	1,00	1,00		1,05	1,05
Cendres ...	2,98	2,98		"	"
	100,00	100,00		100,00	100,00

Fagots de saule. — Un seul échantillon, provenant des branches de brins de vingt ans, a de même été soumis à l'analyse.

1 gramme de matière sèche a laissé 0,0457 de cendres.

I. 0,598 ont donné 1,127 d'acide carbonique et 0,332 d'eau.

II. 0,297 ont donné 0,563 d'acide carbonique et 0,170 d'eau.

0,605 ont donné 7 cent. cubes d'azote humide à 9 degrés et à 0^m,766.

	I.	II.		I.	II.
Carbone...	51,39	51,69	soit, les cendres déduites,	53,82	54,25
Hydrogène.	6,18	6,35		6,45	6,67
Oxygène...	36,45	35,98		38,25	37,60
Azote.....	1,41	1,41		1,48	1,48
Cendres ...	4,57	4,57		"	"
	100,00	100,00		100,00	100,00

En comparant entre eux les résultats précédents pour les divers échantillons d'une même essence, on voit que, de même que pour les analyses des bois de bûches et de rondins, ils sont, à très-peu de chose près, constants.

J'ai donc, de même aussi, réuni pour les fagots toutes les analyses relatives à une même essence, et adopté la moyenne comme en représentant la composition élémentaire.

Composition des fagots de hêtre (les cendres déduites).

	I.	II.	III.	IV.	Moyenne.
Carbone ...	51,15	51,24	51,06	50,88	51,08
Hydrogène .	6,31	6,15	6,22	6,25	6,23
Oxygène ...	41,74	41,35	41,75	41,60	41,61
Azote.....	0,80	1,26	0,97	1,27	1,08
	100,00	100,00	100,00	100,00	100,00

. En moyenne, 1 de matière sèche a laissé 0,0177 de cendres.

Composition des fagots de chêne (les cendres déduites).

	I.	II.	III.	IV.	Moyenne.
Carbone...	50,82	50,73	50,93	51,08	50,89
Hydrogène.	6,23	//	6,15	6,10	6,16
Oxygène...	41,98	//	41,91	41,74	41,94
Azote.....	0,97	0,99	1,01	1,08	1,01
	100,00	100,00	100,00	100,00	100,00

En moyenne, 1 de matière sèche a laissé 0,0182 de cendres.

Composition des fagots de bouleau (les cendres déduites).

	I.	II.	III.	Moyenne.
Carbone...	52,21	51,61	51,97	51,93
Hydrogène.	6,36	6,32	6,25	6,31
Oxygène...	40,24	40,95	40,89	40,69
Azote.....	1,19	1,12	0,89	1,07
	100,00	100,00	100,00	100,00

En moyenne, 1 de matière sèche a laissé 0,0132 de cendres.

Composition des fagots de tremble (les cendres déduites).

	I.	II.	Moyenne.
Carbone...	51,09	50,95	51,02
Hydrogène.	6,39	6,17	6,28
Oxygène...	41,47	41,83	41,65
Azote.....	1,05	1,05	1,05
	100,00	100,00	100,00

En moyenne, 1 de matière sèche a laissé 0,0298 de cendres.

Composition des fagots de saule (les cendres déduites).

	I.	II.	Moyenne.
Carbone...	53,82	54,25	54,03
Hydrogène.	6,45	6,67	6,56
Oxygène...	38,25	37,60	37,93
Azote.....	1,48	1,48	1,48
	100,00	100,00	100,00

En moyenne, 1 de matière sèche a laissé 0,0457 de cendres.

J'ai réuni en deux tableaux (*voyez* les tableaux n°s III et IV, pages 33 et 34), l'un pour les Fesches, l'autre pour le Sandwœch, et en séparant chaque essence, les poids de bois sec produit pendant toute la durée de la révolution, et ai porté en regard ceux du carbone, de l'hydrogène, de l'oxygène, de l'azote et des cendres.

Pour les fagots dont je n'ai pu constater la proportion pour chaque essence, mais qui étaient en majeure partie composés de hêtre, j'ai admis comme moyenne que 1 de matière sèche contenait 0^{gr},02 de cendres, et que, dans la matière privée de cendres, il y avait

Carbone...	51,00
Hydrogène.	6,20
Oxygène...	41,80
Azote	1,00
	100,00

Ces chiffres m'ont paru suffisamment exacts, d'autant plus que le poids des fagots secs n'est que de 1036383 kilogrammes sur un poids total de 13367672 kilogrammes, ou de 8 pour 100 environ.

Les quantités variables des cendres correspondantes aux divers échantillons de bois analysés font assez voir que cet élément de la composition des bois est soumis à des influences individuelles dépendant sans doute de la nature du sol et de celle des eaux qui abreuvent les racines. L'Académie comprendra que les questions qui se rattachent à cet objet important devront faire le sujet d'un Mémoire spécial où j'examinerai non-seulement la proportion des cendres, mais aussi la nature des sels qui les forment, les rapports qu'ils observent entre eux, et les connexions qui existent entre ces corps et la composition chimique du terrain dans lequel les bois ont poussé, et des eaux qui ont favorisé leur végétation.

Le poids total du carbone produit a été, pour les Fesches, de 4877179 kil.
Celui de l'hydrogène...................................... 592891
Celui de l'oxygène.................... 4189321
Celui de l'azote....................................... 92890
Celui des cendres..................................... 131848

Le poids total du carbone produit a été, pour le Sandwœch, de 1720325
Celui de l'hydrogène........,..................... 208860
Celui de l'oxygène..................................... 1471684
Celui de l'azote....................................... 33547
Celui des cendres..................................... 49127

La production annuelle par hectare a été

	Carbone.	Hydrogène.	Oxygène.	Azote.	Cendres.
Pour les Fesches.....	1754^k	213^k	1507	33	48
Pour le Sandwœch....	1854	225	1586	36	53

Il est évident que ces poids représentent les quantités de
carbone, hydrogène, oxygène et azote qui ont été emprun-
tées par la forêt à l'atmosphère, car aucun élément étranger
n'est intervenu, et les feuilles qui entretiennent la fertilité
du sol sont elles-mêmes un produit de la forêt.

En comparant ces résultats à ceux donnés par M. Boussingault dans son Mémoire sur la valeur relative des assolements, on trouve que la culture forestière, dans les
conditions où elle vient d'être étudiée, est une des plus
productives; celle des topinambours seule donne des chiffres plus élevés, ainsi qu'on peut en juger par le tableau
suivant, où sont placés en regard des produits moyens an-
nuels de la forêt, ceux de 1 hectare de topinambours et
de 1 hectare cultivé d'après l'assolement usité à Hohenheim,
le plus avantageux de tous.

	Carbone.	Hydrogène.	Oxygène.	Azote.	Cendres.
Topinambours.....	6310	785	6780	43	841
Forêt...................	1804	219	1546	34	50
Assolement de Hohenheim..	1097	126	1043	18	438

Sans donner à ces rapprochements une importance exa-
gérée, je crois qu'ils peuvent être fort utiles, et doivent
être variés autant que la nature des choses le permet, pré-
cisément parce qu'ils font découvrir des rapports suscep-

tibles d'être vérifiés par une expérience directe et contrôlés par la pratique.

Hydrogène. — La proportion d'hydrogène libre constatée par mes analyses est de 26 kilogrammes pour la production annuelle d'un hectare. Cette proportion est si considérable et elle s'est montrée si uniforme, que je dois regarder comme un fait certain que l'eau est décomposée dans la végétation des forêts. Preuve inutile, sans doute, mais preuve nouvelle de cette décomposition de l'eau dans la végétation bien démontrée par M. Boussingault.

Azote. — La production de 34 kilogrammes d'azote par hectare de forêt semble énorme lorsqu'on se rappelle que, d'après les travaux de M. Boussingault, elle est, suivant les divers assolements, comprise entre 3 et 18 kilogrammes pour les cultures herbacées; aussi n'est-il pas sans quelque intérêt de faire ressortir ici :

1°. Que l'azote, que j'ai trouvé dans tous les bois, s'y trouve à l'état de matières azotées neutres;

2°. Que ces matières en renferment $\frac{1}{6}$ de leur poids;

3°. Qu'en conséquence, les divers bois que j'ai étudiés contiennent de 6 à 10 pour 100 de matières azotées neutres identiques avec l'albumine et la fibrine.

Toutes les substances azotées que les bois renferment sont donc nutritives, sauf quelques cas spéciaux. Il en résulte que, si on parvenait à rendre le tissu cellulaire digestible lui-même, on aurait dans le bois ordinaire un aliment comparable au riz qui n'en diffère qu'en ce que la cellulose y est représentée par de l'amidon.

C'est sans doute la matière azotée qui, en servant à la nourriture des insectes destructeurs du bois, rend son altération si facile et quelquefois si prompte. C'est donc à la modifier de manière à la rendre délétère ou indigeste pour ces animaux, que doivent tendre tous les procédés tentés pour assurer la conservation des bois.

Carbone. — Le carbone produit par la forêt s'élève, en

moyenne, à 1800 kilogrammes par hectare et par année. En comparant cette quantité à celle contenue dans un prisme d'air dont cet hectare serait la base, et qui s'élèverait jusqu'aux limites de l'atmosphère, on trouve que ces deux quantités sont entre elles dans le rapport de 1 à 9.

En effet (voir pour le détail des calculs la note A, p. 30), ce prisme contient 16900 kilogrammes de carbone; et la moyenne de celui fixé par 1 hectare étant 1800 kilogrammes, on a

$$\frac{16900}{1800} = 9,39.$$

Il en résulte que si toute la surface du globe était couverte d'une végétation égale à celle de ces deux forêts, et que l'acide carbonique absorbé par elle ne se renouvelât point, au bout de neuf années, l'air en serait entièrement dépouillé.

Bien que ce résultat soit complétement hypothétique, il montre cependant avec quelle rapidité l'atmosphère a dû se purifier par l'effet de la végétation aux époques antérieures aux dépôts houillers, alors que probablement la plus grande partie du carbone enfoui aujourd'hui dans les entrailles de la terre y était encore répandu sous forme d'acide carbonique, et que l'absence de la vie animale rendait la reproduction de ce dernier presque nulle.

Dans ces forêts, la végétation commence vers la fin d'avril pour s'arrêter vers la fin de septembre, quand les feuilles commencent à jaunir et à tomber. On ne peut donc compter au plus que cinq mois, soit cent cinquante jours de végétation. Pendant cette période, l'absorption de carbone qui aura lieu chaque jour entre le lever et le coucher du soleil sera, en moyenne, de

$$\frac{1800}{150} = 12 \text{ kilogrammes.}$$

Si on suppose maintenant un prisme d'air ayant même

base et même hauteur que les arbres, soit 1 hectare de base et 20 mètres de hauteur, la quantité de carbone contenue dans ce prisme, en en déduisant $\frac{1}{4}$ pour l'espace occupé par les arbres, sera de 32 kilogr. Si donc le prisme d'air qui enveloppe la forêt restait immobile pendant toute une journée, il perdrait les $\frac{12}{32}$ ou environ les $\frac{2}{5}$ de son acide carbonique.

On voit par le calcul précédent combien il est important, pour activer la végétation des forêts, d'y faciliter la circulation de l'air, afin que par un renouvellement constant il présente toujours aux arbres une richesse aussi grande que possible en acide carbonique.

C'est aussi ce que démontre l'expérience.

Il résulte encore de ce calcul qu'en supposant un accroissement constant aux différents âges, et toutes choses égales d'ailleurs, la quantité proportionnelle d'acide carbonique enlevée à l'air sera en raison inverse de la hauteur des arbres; c'est-à-dire que si la forêt n'avait eu que 10 mètres de hauteur, son accroissement eût nécessité un épuisement deux fois plus fort d'acide carbonique. En prenant des hauteurs moindres, on arriverait au point où l'absorption en carbone est égale ou même supérieure à la quantité contenue dans le prisme enveloppant.

C'est ce qui explique pourquoi l'accroissement annuel augmente en général avec l'âge, tant que la limite convenable pour la végétation n'est pas dépassée; mais on peut aussi en conclure que, par des éclaircies fréquentes et convenablement ménagées pendant la jeunesse des forêts, on compenserait en grande partie cette différence.

J'ai fait voir tout à l'heure que chaque hectare des futaies de hêtre, qui ont servi de base à ce travail, fixe par jour environ 12 kilogrammes de charbon exportable, et qu'en supposant cent cinquante jours d'activité à la végétation, on représente ainsi la moyenne annuelle de 1800 kilogrammes. Si l'on voulait passer de ce fait à des considérations relatives

aux phénomènes qui se sont produits dans les forêts équato-
riales, il faudrait tenir compte de quatre circonstances essen-
tielles, savoir :

1°. L'intensité de la lumière et la durée de la végétation
qui doit embrasser les trois cent soixante-cinq jours de
l'année;

2°. L'élévation de la température qui établit des courants
d'air plus rapides et par suite un renouvellement plus fré-
quent de l'acide carbonique qui peut se décomposer;

3°. La présence d'une rosée plus abondante qui entre-
tient une humidité permanente;

4°. Enfin, et selon la belle remarque de M. Boussingault,
l'intervention habituelle des pluies orageuses chargées d'a-
cide nitrique et d'ammoniaque si favorables à la végétation
et dues à ces orages qui grondent d'une manière permanente
dans la zone équatoriale.

De tout cet ensemble de considérations il résulte inévi-
tablement que, pour juger de la rapidité de la formation du
terrain houiller, les bases que peuvent fournir les forêts de
nos climats donnent une durée maximum qui peut être vingt
fois et cent fois même au-dessus de la réalité. En les résumant j'ai cherché à établir de quel intérêt il serait pour
l'histoire du globe de déterminer à quel point les forêts tropicales diffèrent des nôtres par leur rendement moyen annuel. Espérons que dans les régions de l'Amérique quelque
observateur pourra combler cette lacune.

Les données qui suivent pourront lui servir de terme de
comparaison.

Dans une Note insérée au tome XV des *Comptes rendus
des séances de l'Académie*, M. Élie de Beaumont a démon-
tré, par le calcul de l'épaisseur de la couche de houille correspondante à une superficie de forêt donnée, que l'hypo-
thèse la plus probable pour la formation de ces couches était
celle qui leur attribue une origine analogue à celle des tour-
bières.

J'ai cherché à appliquer à son calcul les données nouvelles résultant de mon travail, et, quoiqu'un peu différentes de celles dont est parti M. Élie de Beaumont, elles donnent un résultat tout à fait concordant avec le sien.

Ainsi (voir pour le détail des calculs la Note B, p. 30) le poids du bois sec par hectare a été pour les Fesches de..................... 245324 kilogrammes, correspondants pour la quantité de carbone à.................... 144308 kil. de houil. soit........................ 111 mètres cubes, qui pourraient former sur la surface une couche continue de........ 0^{m},011101 d'épaiss.

Le poids du bois sec par hect. a été pour le.Sandwœch de 217721 kilogrammes, correspondants pour la quantité de carbone à.................... 128071 kil. de houil. soit........................ 98 mètres cubes, qui pourraient former sur la surface une couche continue de....... 0^{m},009852 d'épaiss.

La couche de houille correspondante à l'accroissement annuel de ces forêts est en moyenne de............. 0^{m},000165 d'épaiss.

Il en résulte qu'après un siècle de végétation la couche de houille que ces forêts eussent pu produire sur place, par leur transformation, eût été au plus de....... 0^{m},0165 d'épaisseur, résultat identique avec celui énoncé par M. Dufrénoy dans le Rapport auquel était jointe la Note de M. Élie de Beaumont.

En résumé, je crois pouvoir tirer de ce premier Mémoire les conclusions suivantes:

1°. Le produit moyen annuel de deux futaies de hêtre situées dans le grès bigarré est d'environ 9 stères de bois par hectare ;

2°. Le poids moyen du bois sec produit par hectare dans ces forêts est de 3650 kilogrammes par année ;

3°. Le carbone contenu dans le bois produit par un hectare s'élève à 1800 kilogrammes par année ;

4°. L'hydrogène libre contenu dans le bois produit par un hectare s'élève à 26 kilogrammes par année ;

5°. L'azote contenu dans le bois produit par un hectare s'élève à 34 kilogrammes par année ;

6°. Les cendres contenues dans le bois produit par un hectare s'élèvent à 50 kilogrammes par année ;

7°. Et enfin, une forêt, végétant dans ces conditions, dépouillerait en neuf années de tout son acide carbonique le prisme d'air qui s'appuie sur elle.

(Note *A*.)

1°. Un prisme d'air d'un hectare de base et d'une hauteur
   égale à celle de l'atmosphère pèse................... 103300000 kil.

En admettant la proportion de 6 dix-millièmes d'acide carbonique en poids dans l'air atmosphérique, on trouve
   pour la quantité d'acide carbonique................. 61980

Contenant eux-mêmes en carbone.................... 16902

2°. Un prisme d'air d'un hectare de base et de 20 mètres de
   hauteur comprend 200000 mètres cubes pesant........ 260000

Ce qui donne pour la quantité d'acide carbonique....... 156

Et pour celle du carbone........................... 42,54

Dont les trois quarts = 31,91

(Note *B*.)

100 de houille contiennent, d'après les analyses de M. Regnault, 85 de
carbone.

100 de bois sec en contiennent en moyenne 50.

Donc le poids x de la houille qui serait produite sans perte de carbone
par un volume de bois dont le poids a est connu, sera donné par l'équa-
tion $x = a \dfrac{50}{85}$.

Le poids de bois sec par hectare pour les Fesches est de 245324 kil.

Celui de la houille correspondante sera $\dfrac{245324 \times 50}{85} =$ 144308

En prenant pour pesanteur spécifique de la houille 1,30,
   on trouve pour volume correspondant au poids ci-dessus

$\dfrac{144308}{1300} =$ 111$^{\text{m.c.}}$,006

Et pour épaiss. de la couche sur un hectare $\dfrac{111^{\text{m.c.}},006}{10000} =$ 0,011101

Le poids de bois sec par hectare pour le Sandwœch est de 217721 kil.

Celui de la houille correspondante sera $\dfrac{217721 \times 50}{85} =$ 128071

Et le volume $\dfrac{128071}{1300} =$ 98$^{\text{m.c.}}$,516

Ce qui donne pour épaiss. de la couche sur un hect. $\dfrac{98,516}{10000} =$ 0,009852

La couche de houille correspondante à l'accroissement

annuel pour les Fesches est égale à $\dfrac{0,011101}{69} =$ 0,000161

Pour le Sandwœch, on trouve de même $\dfrac{0,009852}{58} =$ 0,000169

Soit en moyenne......... 0,000165

N° I. — TABLEAU résumant la production de 40 hectares 29 ares de futaie de hêtre dans la forêt des Fesches.

Nature du terrain : Grès bigarré ; argile mêlée de sable assez fin. Beaucoup d'humus. Plateau.

Détermination de l'âge : Ce bois avoit trente-cinq ans en 1809. On y a coupé en 1809, 1810, 1834, 1835, 1842 et 1843; il faut donc, pour la période de révolution, prendre de 1775 à 1843, soit soixante-neuf ans.

| ÉPOQUE DE LA COUPE. | CONTENANCE. | PRODUIT. | | | | | | | | | | | | | | TOTAL des kil. représentant les stères et les fagots. | OBSERVATIONS. |
| | | QUARTIER de hêtre. | | RONDINAGE de hêtre. | | QUARTIER de chêne | | RONDINAGE de chêne. | | BOIS BLANC. | | NOMBRE TOTAL des | | PETITS FAGOTS | | | |
		Stér.	Kilos.	Stér.	Kilos.	Stér.	Kilos.	Stér.	Kilos.	Stér.	Kilos.	Stér.	Kilos.	Fag.	Kilos.		
Coupe de 1809 et 1810..	40,29	7634	9855110	2545	773680	242	88675	80	21600	214	69910	10715	3801884	107256	321768	4123652	Bois blanc, moitié
Coupe de 1834 et 1835..	40,29	3582	1339068	796	241934	92	33672	20	5400	119	34986	4609	1665710	47876	143698	1709338	bouleau, moitié trem-
Coupe de 1842..........	15,29	2903	1050192	624	199090	"	"	"	"	"	"	3432	1239388	29380	88740	1328028	ble (bois de quartiers
Coupe de 1843..........	19,07	3060	1146684	681	207024	"	"	"	"	"	"	3747	1363708	29698	89004	1442802	et rondins mêlés).
Coupe à faire en 1844, y compris la réserve...	5,93	1036	387464	231	70224	159	53194	101	27270	"	"	1527	543152	13452	40356	583308	
Estimation des réserves de la coupe de 1842.		407	152213	76	23104	217	79422	55	14880	"	"	755	269694	5019	16057	284651	
Estimation des réserves de la coupe de 1843.		382	142858	83	25232	290	102480	115	31050	"	"	860	301630	6640	19920	321550	
Totaux........		18013	7074210	5036	1630944	990	362240	371	100170	333	97902	25646	9165866	239321	718563	9884429	
Prod. total par hectare.		469,47		125		24,67		0,21		8,26		636,51		5945			
Accroissem. annuel par hectare..........		6,804		1,811		0,358		0,133		0,120		9,224		86			

No II. — *TABLEAU résumant la production de 16 hectares de futaie de hêtre dans la forêt des Fesches, canton du Sandwœch.*

Nature du terrain : Grès bigarré, sable un peu argileux ; assez d'humus. Pente au nord en entonnoir.

Détermination de l'âge : Ce bois avait trente-cinq ans en 1817 ; on y a coupé en 1817, 1818, 1829 et 1840 ; il faut donc pour la période de révolution, prendre de 1782 à 1840, soit cinquante-huit ans.

ÉPOQUE DE LA COUPE.	CONTENANCE.	QUARTIER de hêtre.		RONDINAGE de hêtre.		QUARTIER de chêne.		RONDINAGE de chêne.		BOIS BLANC.		NOMBRE TOTAL des		PETITS FAGOTS.		TOTAL des kil. représentent les stères et les fagots.	OBSERVATIONS.
	hect.	Stér.	Kilos.	Stér.	Kilos.	Stér.	Kilos.	Stér.	Kilos.	Stér.	Kilos.	Stér.	Kilos.	Fag.	Kilos.		
Coupe de 1817 à 1818...	10	2766	1034484	922	280298	88	32208	29	7830	78	22912	3863	1377722	44972	134916	1512638	Bois blanc, moitié bouleau, moitié tremble (bois de quartiers et rondins mêlés).
Coupe de 1829 à 1840...	16	2386	899364	596	181184	61	22336	13	4050	81	23814	3139	1123738	38316	114948	1238686	
Coupe de 1840	16	887	144739	97	29488	48	17568	12	3240	101	31411	645	226445	13690	40860	267303	Bois blanc, moitié houleau, moitié saule (rondinage).
Estimation des réserves.	·	325	121550	53	25933	641	234606	209	56430	·	·	1968	437818	9032	27096	464914	
Totaux........		5864	2193136	1698	516192	838	306703	263	71550	260	78137	8935	3165723	105940	317820	3483343	
Prod. total par hectare.		360,50		106,12		52,37		16,56		15,25		557,80		6691			
Accroissem. annuel par hectare.............		6,319		1,829		0,903		0,286		0,280		9,617		114			

N° III. — *RÉSUMÉ de la production en carbone, hydrogène, oxygène et azote de 40 hectares 29 ares dans la forêt des Fesches, pendant une période de soixante-neuf ans.*

ESSENCES.	POIDS EN KILOGRAMMES					
	du bois sec.	du carbone.	de l'hydrogène.	de l'oxygène.	de l'azote.	des cendres.
Hêtre..................	4605154	4239877	515856	3663682	59035	106704
Chêne.................	462510	229414	27318	190498	5799	9481
Bois blanc, moitié bouleau, moitié tremble	97992	48750	6057	40789	1014	1292
Fagots mêlés..........	718563	359138	43660	294352	7042	14371
Totaux....	9884129	4877179	592891	4189321	92890	131848
Production totale pour 1 hectare.........	245324	121052	14716	103979	2305	3272
Production annuelle par hectare........	3555	1754	213	1507	33	48

3

N° IV. — RÉSUMÉ de la production en carbone, hydrogène, oxygène et azote de 16 hectares dans la forêt des Fesches, canton du Sandwœch, pendant une période de cinquante-huit ans.

ESSENCES.	POIDS EN KILOGRAMMES					
	du bois sec.	du carbone.	de l'hydrogène.	de l'oxygène.	de l'azote.	des cendres.
Hêtre..............	2709328	1334923	162417	1153508	24884	33596
Chêne..............	378258	187623	22341	155797	4743	7754
Bois blanc, moitié bouleau, moitié tremble	46726	23213	2884	19422	483	724
Bois blanc, moitié bouleau, moitié saule.	31411	15719	1907	12765	323	697
Fagots mêlés............	317820	158847	19311	130192	3114	6356
Totaux........	3483543	1720325	208860	1471681	33347	49127
Production totale pour 1 hectare........	217721	107522	13054	91980	2097	3070
Production annuelle par hectare..........	3754	1854	225	1586	36	53

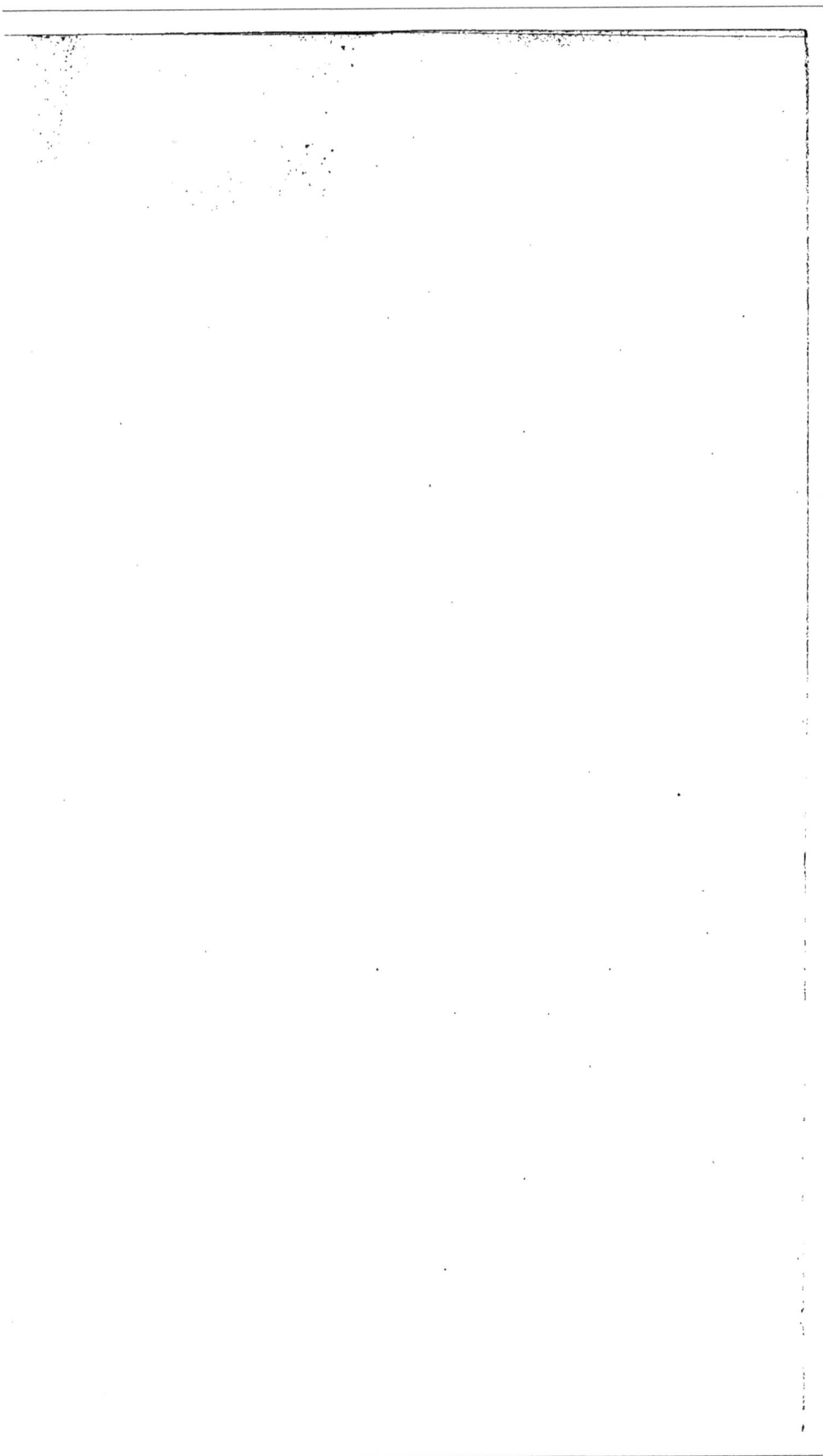

www.ingramcontent.com/pod-product-compliance
Lightning Source LLC
Chambersburg PA
CBHW060511210326
41520CB00015B/4183